EXTRAIT DES ANNALES

DE LA

SOCIÉTÉ ENTOMOLOGIQUE

DE FRANCE

FONDÉE LE 29 FÉVRIER 1832

RECONNUE COMME INSTITUTION D'UTILITÉ PUBLIQUE

par décret du 23 août 1878

Natura maxime miranda in minimis.

ANNÉE 1893. — VOLUME LXII

JANET Charles. Études sur les Fourmis. 2e Note. Appareil pour l'élevage et l'observation des Fourmis. Ann. Soc. Ent. de France. Séance du 10 mars 1893. T. 62. p. 467.

PARIS

AU SIÈGE DE LA SOCIÉTÉ

HOTEL DES SOCIÉTÉS SAVANTES

28, rue Serpente, 28

—

1893

ÉTUDES SUR LES FOURMIS

2e Note.

—

Appareil pour l'élevage et l'observation des Fourmis et d'autres petits animaux qui vivent cachés et ont besoin d'une atmosphère humide

Par Charles JANET.

Ingénieur des Arts et Manufactures à Beauvais.

Séance du 10 mars 1893.

L'élevage des animaux qui vivent à l'air libre, comme la plupart des chenilles par exemple, peut être fait dans de simples boîtes pour la disposition desquelles il n'y a guère de dispositions particulières à prendre.

Lorsqu'il s'agit d'animaux qui se cachent sous les écorces, sous les pierres, dans la terre et qui ont besoin, soit pour eux-mêmes, soit pour leur progéniture, d'être placés dans l'obscurité et surtout dans une atmosphère présentant un degré d'humidité convenable, il devient nécessaire d'avoir recours à des dispositifs spéciaux. Nous avons combiné un petit appareil qui nous donne de si bons résultats que nous croyons utile de le faire connaître. Nous le décrirons sous la forme que nous lui avons donnée pour l'élevage des Fourmis, dont nous étudions en ce moment l'anatomie et le développement.

Les Fourmis meurent rapidement lorsqu'on les place dans des récipients où l'on n'entretient pas un degré suffisant d'humidité, mais on réussit à les élever lorsque cette condition est remplie dans des limites convenables. C'est ce qui a été fait par les observateurs qui se sont occupés de ces intéressants petits êtres, tels que Hubert, Forel et Lubbock.

1. Description sommaire de quelques-uns des aparareils employés pour l'élevage des Fourmis.

Appareil d'Huber. — Cet appareil consiste en une grande boîte très plate, placée verticalement. Les deux grandes faces, formées chacune d'un verre à vitre, sont distantes l'une de l'autre de 2 centimètres. Cette

"

épaisseur de 2 centimètres est divisée en deux parties égales par une feuille de fer-blanc criblée de trous et disposée parallèlement aux vitres. Ces vitres sont recouvertes chacune d'un volet en bois empêchant l'accès de la lumière, mais pouvant être ouvert facilement lorsqu'on veut observer ce qui se passe dans la boîte. A la partie inférieure est un petit orifice servant d'entrée et pouvant être fermé au moyen d'une petite porte à coulisse. Plusieurs trous, pratiqués dans la partie supérieure, sont destinés à l'introduction du miel et de l'eau nécessaire pour entretenir le degré d'humidité voulu. Un des côtés du cadre peut s'ouvrir en entier et permet de remplir tout ou partie de l'appareil avec de la terre fine légèrement humectée.

Pour faire emménager les Fourmis, Huber employait un conduit en bois, vitré en dessus, adapté par une de ses extrémités au sac de toile contenant la récolte et par l'autre à la porte de l'appareil. Vu le peu d'épaisseur des deux couches de terre, les vitres forment nécessairement une partie de la paroi des galeries creusées par les Fourmis, en sorte qu'il suffit, pour observer ces dernières, d'ouvrir un des deux volets.

APPAREIL D'HUBER, MODIFIÉ PAR FOREL. — Forel (1) a employé la disposition adoptée par Huber en la modifiant un peu. Le côté mobile de l'appareil est percé d'un trou dans lequel s'engage un conduit en fer-blanc, auquel est adapté une petite mangeoire en toile métallique. Un autre trou, percé dans le côté horizontal supérieur de l'appareil, sert à l'introduction de l'eau. Forel conseille de faire l'appareil encore plus mince que celui employé par Huber et de remplacer la feuille de fer-blanc par une feuille de bois qui, étant moins bon conducteur de la chaleur, convient mieux dans les expériences où l'on veut mettre les deux lames de terre dans des conditions de température différentes.

Forel recommande, surtout pour les petites espèces, un appareil analogue au précédent, mais notablement simplifié. C'est une boîte en fer-blanc réduite à 1 centimètre, et même moins, d'épaisseur, sans feuille médiane et sans côté mobile. Une ouverture, percée dans un côté, permet l'introduction d'une mangeoire. Les volets sont remplacés par de simples feuilles de carton. Forel ajoute que les moisissures se mettent facilement dans ces appareils où l'humidité se conserve trop bien.

ARÈNES DE GYPSE, DE FOREL. — L'installation décrite sous ce nom (2) est des plus recommandables. Elle consiste à établir sur une planche,

(1) Forel, Fourmis de la Suisse, 1874, p. 251.
(2) Idem. p. 252.

qui forme sol, une enceinte entourée d'une petite muraille obtenue en comprimant, avec les doigts, du gypse en poudre très fine. Les Fourmis essayent en vain de franchir cet obstacle et y renoncent bientôt.

Forel a constaté cependant que les *Tetramorium cœspitum* parviennent à percer de petits tunnels au travers de ces murs. Le même fait s'est présenté avec la même espèce dans nos premiers élevages, mais nous sommes parvenu à l'éviter, grâce à une légère modification que nous signalerons plus loin. Un peu de terre humide, recouverte d'un morceau de verre et d'une planchette, est placée au milieu de cette enceinte et les Fourmis s'y installent.

Combinaison faite par Forel de ses arènes de gypse avec les appareils précédents. — Forel (1) a aussi employé un appareil formé d'une de ses arènes de gypse, mise en communication avec la boîte vitrée plate. Il recommande, avec raison, cette combinaison comme très commode pour recevoir les Fourmis que l'on vient de récolter. Il suffit de les placer dans l'arène de gypse pour les voir bientôt pénétrer dans la boîte garnie de terre humide. Lorsqu'elles y sont installées, on enlève tous les débris qui ont été apportés avec les Fourmis et on place leur nourriture au milieu de l'enceinte, qui peut être agrandie ou diminuée à volonté.

Appareil de sir John Lubbock (2). — L'appareil de Lubbock est formé de deux verres à vitre d'environ 25 centimètres de côté, maintenus par un cadre en bois à l'écartement strictement nécessaire pour permettre aux Fourmis de se mouvoir librement. Entre les deux verres, on met de la terre fine. En réduisant ainsi l'écartement des verres au minimum, aucune Fourmi ne peut être cachée par la terre. Un des côtés du cadre en bois peut s'ouvrir et dans le coin se trouve une petite porte. Le verre supérieur est recouvert pour empêcher l'accès de la lumière. Pour que les Fourmis ne puissent pas s'échapper de cette cage vitrée, Lubbock la place dans une boîte plate recouverte d'une plaque de verre librement appliquée sur ses bords, ou bien il la met sur des supports entourés d'eau ou de fourrures, dont les poils sont dirigés vers les Fourmis.

2. Description de nouveaux appareils.

Insuffisance des appareils précédents pour le cas où l'on a besoin

----

(1) Forel. Fourmis de la Suisse, 1874, p. 252.
(2) Lubbock, Fourmis, Abeilles et Guêpes. 1873. p. 2.

DE PRÉLEVER DES ÉCHANTILLONS DANS UN ÉLEVAGE. — Ces appareils, qui ont tous été combinés uniquement pour observer les mœurs des Fourmis, ne permettent pas de prendre aisément les œufs, larves, nymphes et imagos au moment où on en a besoin pour l'étude, par exemple lorsqu'ils sont arrivés à l'âge déterminé auquel ils doivent être fixés.

L'appareil, tout à fait différent que nous allons décrire, a été combiné de telle manière que l'on peut non seulement observer aisément les Fourmis qu'il renferme, mais aussi prendre avec la plus grande facilité tous les échantillons dont on a besoin.

Lorsqu'on a sous la main un matériel bien combiné, la manipulation des intéressants petits êtres qui nous occupent ici ne présente aucune difficulté.

Ils deviennent même de véritables collaborateurs pour le naturaliste par la promptitude avec laquelle ils transportent leur progéniture d'un abri dans un autre, de forme plus convenable pour le but qu'il se propose; par la méthode avec laquelle ils classent leur progéniture par groupes d'individus de même âge, réclamant les mêmes soins; par l'exactitude avec laquelle ils viennent nourrir et soigner les grosses larves sexuées, que l'on a isolées dans des séries de petites cases dont elles ne peuvent les retirer, vu l'exiguïté de l'orifice mesuré juste au diamètre, parfois si réduit, du corps des ouvrières. Mais quelles complications et que de difficultés pour l'imprévoyant observateur qui apporte une abondante récolte sur sa table de travail sans y avoir préparé à l'avance tout l'outillage nécessaire! Les Fourmis s'échappent par tous les orifices, se répandent partout et il faut renoncer, au bout de quelques minutes, à en venir à bout.

DESCRIPTION DE L'ABRI EN SUBSTANCE POREUSE. — Notre nouvel appareil (fig. 1 et 2) consiste essentiellement en un bloc *a* de substance poreuse, plâtre ou terre cuite, présentant une série de chambres : *Ch. 1*, *Ch. 2*, *Ch. 3*, placées les unes à la suite des autres et précédées d'une cuve *b* que nous appellerons la cuve à eau. Cette cuve est destinée à recevoir, une ou deux fois par semaine, l'eau qui doit, en s'imbibant dans la substance poreuse qui constitue l'appareil, lui donner l'humidité nécessaire. On voit de suite que le résultat de cette disposition est de fournir beaucoup d'humidité aux parois de la chambre, *Ch. 1*, tandis que la chambre située à l'extrémité opposée peut rester complètement sèche si elle est séparée de la chambre très humide, *Ch. 1*, par un nombre suffisant de chambres intermédiaires où l'humidité va naturellement en décroissant à mesure que l'on s'éloigne de la cuve à eau.

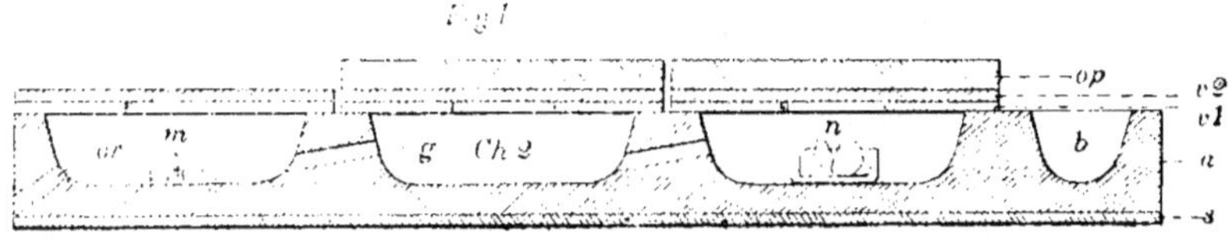

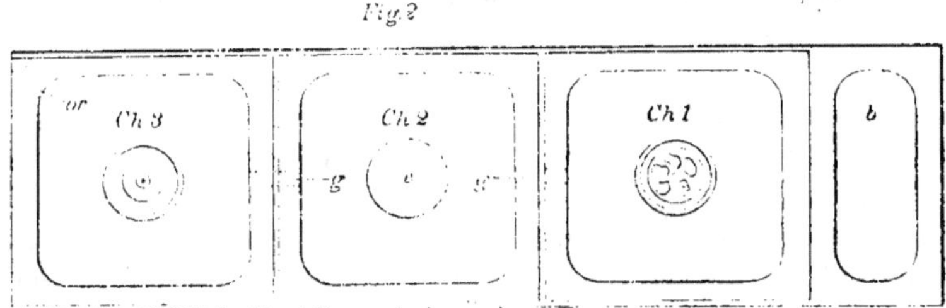

Nous allons décrire l'appareil avec les dispositions que nous lui donnons pour l'élevage des Fourmis et nous lui supposerons seulement trois chambres, ce qui est souvent tout à fait suffisant.

Le plafond de chacune des chambres est formé par une plaque de verre $v1$ percée, en son milieu, d'un trou circulaire c qui permet de prélever les échantillons et d'introduire les récipients qui servent de mangeoires ou d'abreuvoirs, ainsi que tout ce qui peut être nécessaire pour les expériences auxquelles on veut procéder.

Au-dessus de chacune de ces plaques, on en place une deuxième $v2$ semblable, mais non percée, ayant pour but d'empêcher que des Fourmis ne sortent pendant les observations.

La chambre sèche, *Ch. 3,* qui représente pour nos élevages le monde extérieur au nid et doit rester éclairée, se trouve ainsi suffisamment fermée. Il n'en est pas de même des *Ch. 2, Ch. 1,* qui constituent l'habitation proprement dite et doivent, pour cette raison, être maintenues dans l'obscurité. On obtient ce résultat en recouvrant les verres d'une plaque opaque *op,* en plâtre par exemple, que l'on enlève seulement au moment des observations. De petites galeries g mettent les chambres en communication les unes avec les autres. Ces petites galeries, surtout celle qui se trouve entre les chambres, *Ch. 3 et Ch. 2,* et qui représente, pour les Fourmis, l'entrée du nid, ne doivent avoir que juste le diamètre nécessaire pour que les Fourmis puissent circuler librement en portant leurs nymphes. Il ne faut pas perdre de vue que les nymphes sexuées sont généralement beaucoup plus volumineuses que les ouvrières qui les portent. Les imagos mâles ou femelles doivent également pouvoir y passer aisément. Les Fourmis n'aiment pas que l'entrée de leur habitation soit trop grande.

Les *Myrmica lævinodis* d'une petite colonie élevée dans un abri dont les galeries avaient 5 millimètres de diamètre, ont réduit le premier orifice, au moyen de toutes sortes de détritus, à un petit trou de 3 millimètres de diamètre.

Normalement, nous plaçons les galeries de communication, comme l'indiquent les figures 1 et 2, à mi-hauteur dans la cloison de séparation des chambres. Cette disposition a l'inconvénient, pour les très petites colonies de petites espèces, de fournir aux Fourmis des cachettes où elles ne peuvent être vues non plus que leur progéniture. Dans ce cas, il est préférable de placer les galeries, à la partie supérieure, sous une petite lame de verre et de préférence dans les angles. Bien qu'elles soient ainsi beaucoup moins accessibles, les Fourmis savent bien les trouver, et l'abri ne présente aucune cachette invisible pour l'observateur. Cette modification est inutile dans les fourmilières très nombreuses, si l'on a soin de faire les galeries assez étroites. Elles constituent, dans ce cas, des passages où la circulation continuelle, difficile pour deux individus qui se croisent, rend tout stationnement et tout dépôt de progéniture impossibles.

Une plaque de verre empêche l'humidité de se communiquer à la table qui supporte l'appareil.

Un petit récipient *m*, placé dans la chambre sèche et éclairée, *Ch. 3*, sert de mangeoire. Un petit récipient *n*, en verre ou en porcelaine, placé dans la *Ch. 1*, sert d'abreuvoir.

Matériaux a employer pour la construction des abris. — Le principe de notre appareil consistant dans l'emploi d'une substance poreuse, nous avons cherché quelles étaient les plus convenables et les plus commodes à employer.

La terre cuite, lorsqu'on a sous la main un fabricant de poteries, est très recommandable.

Le plâtre, qui est d'un emploi si facile, donne aussi des résultats tout à fait satisfaisants, et c'est avec cette matière que sont établis la plupart des appareils que nous employons en ce moment.

Le plâtre doit être coulé assez dur et sans bulles d'air pour que les

Fourmis ne puissent l'attaquer avec leurs mandibules, ce qu'elles font parfois, surtout dans les angles, au-dessous du verre.

Les *Tetramorium* d'un de nos élevages, comprenant un grand nombre d'individus, accompagnés d'une nombreuse progéniture et installés dans un abri en plâtre trop tendre, ont réussi à pratiquer de petites galeries par lesquelles un certain nombre d'individus ont pu s'échapper. Depuis ce petit accident, nous gâchons le plâtre aussi dur que possible et, de plus, après avoir rodé sur une surface plane la partie supérieure de l'abri, préalablement bien séché, nous durcissons encore cette surface, qui constitue le point attaquable, en l'imbibant de gomme laque blonde en dissolution dans l'alcool à 95 0/0. Il y a avantage à employer, pour le moulage des abris, du plâtre très légèrement coloré par de l'ocre rouge, au lieu de plâtre blanc. Ce plâtre, ainsi teinté, est d'un rouge brique très clair lorsqu'il est sec et beaucoup plus foncé lorsqu'il est mouillé. La limite de l'humidité se traduit ainsi sur la surface extérieure de l'abri par une différence de coloration bien nette, et l'on peut ainsi, d'un simple coup d'œil, se rendre compte de l'état d'humidité. Les abris colorés ont aussi cet avantage que les œufs, les larves et les nymphes y sont bien plus nettement visibles.

Nombre de chambres. — Les premiers abris de ce genre que nous avons établis n'avaient, avec la chambre éclairée, qu'une seule chambre d'habitation humide. Nous avons reconnu qu'il est utile de porter au moins à deux le nombre de ces dernières et même d'en augmenter encore le nombre lorsqu'on veut élever des colonies nombreuses ou avoir des degrés très variés d'humidité.

Dimensions a donner aux abris. — On donne aux chambres une dimension appropriée à la taille et au nombre des animaux que l'on veut élever. Il est bon, surtout lorsque les animaux sont petits, de réduire suffisamment la profondeur verticale des chambres pour que le sol puisse être observé à la loupe au travers des verres qui forment le plafond.

Les appareils que nous employons le plus en ce moment ont, en centimètres, les dimensions suivantes :

> Dimensions extérieures du bloc de plâtre : $34 \times 10 \times 3$;
> Dimensions intérieures des trois chambres. : $8 \times 8 \times 2$;
> Dimensions intérieures de la cuve à eau : $8 \times 2 \times 2$;
> Dimensions des plaques de verre : 10×10.

INUTILITÉ DE LA TERRE DANS LES CHAMBRES DES ABRIS. — On remarquera que notre appareil diffère en particulier par l'absence de terre des appareils cités précédemment. Il faut reconnaître que l'on paraît se trouver ainsi dans des conditions très différentes de celles de la nature, et qui semblent, au premier abord, devoir être défavorables aux Fourmis.

Il n'en est pas ainsi, au moins pour bon nombre d'espèces. Interrogées sur ce point, des *Myrmica lævinodis*, formant une forte colonie, ont montré qu'elles ne désiraient nullement avoir de la terre dans leur habitation.

Dans une première expérience, où nous avions garni de terre la chambre éclairée et sèche, elles n'en ont pas pris un seul grain pour l'introduire dans leurs chambres d'habitation. Dans une seconde expérience bien plus concluante, nous avons, au contraire, mis de la terre dans les chambres d'habitation. Elles l'ont enlevée grain à grain et l'ont apportée dans la chambre éclairée en la plaçant de préférence sur leur mangeoire. Celle-ci a dû ainsi être renouvelée très fréquemment, si bien que, au bout de quelques jours, il ne restait plus trace de terre dans l'appareil. Pour les colonies qui conservent dans leurs chambres d'habitation la terre ou les autres matériaux qu'on leur donne, il convient, comme Lubbock le fait dans ses appareils, de réduire notablement la profondeur verticale des chambres, afin que les galeries soient aussi visibles que possible.

EXEMPLES D'ÉLEVAGES FAITS DANS CES APPAREILS. — Afin que les membres de la Société puissent se rendre compte de la manière dont les Fourmis se comportent dans nos appareils, nous leur en présentons deux, pris à peu près au hasard, parmi ceux qui se trouvent en ce moment dans notre laboratoire et apportés de Beauvais à leur intention. Le voyage n'y a jeté aucun trouble.

Le premier contient une forte colonie de *Lasius flavus*, qui y est installée depuis près de deux ans. Elle contient quatre femelles, dont une seule est entièrement désailée, et les ouvrières y sont très occupées à soigner plusieurs paquets d'œufs et des larves de grosseurs variées. Une de ces larves, qui vient de se mettre en cocon depuis quelques heures, est entourée de sept à huit ouvrières qui paraissent la surveiller très attentivement. A côté de ces dernières, on voit quelques menus grains de terre qu'elles ont pris dans la chambre éclairée et dont elles ont, suivant leur habitude, momentanément recouvert la larve pendant qu'elle filait son cocon. On remarque de suite combien les chambres obscures et humides de cet abri, bien qu'habitées depuis près de deux années, sont tenues propres. Sauf les petits grains de terre qui ont servi à recouvrir la larve qui s'est mise en cocon, et qui seront bientôt enlevés, on n'y voit aucun débris, ni aucune trace de moisissure. Un coin d'une ces chambres est, il est vrai, assez fortement teinté en brun, parce qu'il a été choisi par les *Lasius* pour y déposer leurs excréments ; mais, si on en reconnaît la trace, on constate qu'ils ne s'y accumulent pas. Tout ce qui peut nuire à la propreté des chambres d'habitation est enlevé et transporté dans la chambre éclairée et sèche, qui représente le monde extérieur au nid, et dont le sol est entièrement noirci par tout ce qui y a été apporté depuis vingt-deux mois.

Le second contient un mélange de plusieurs colonies de *Tetramorium cæspitum*, récoltés, l'année dernière, dans une même chasse et qui, après quelques rixes, ont fini par faire bon ménage. Les larves y sont nombreuses : il n'y en a presque aucune sur le sol horizontal des chambres ; elles ont été, pour la plupart, placées par les ouvrières contre les parois verticales, aux aspérités desquelles elles restent accrochées par leurs poils. Ici encore règne la plus grande propreté : la chambre éclairée et sèche, qui était si noire dans le premier appareil, est ici presque aussi propre que les chambres habitées. C'est qu'au lieu de déposer simplement sur le sol de cette chambre les détritus à éliminer, ces derniers ont été soigneusement placés dans les mangeoires et par conséquent enlevés chaque fois que ces dernières ont été changées, c'est-à-dire une fois tous les huit jours.

Avantages présentés par ces abris. — Tels sont les appareils qui, au nombre d'une vingtaine, sont en ce moment dans notre laboratoire, habités par les espèces les plus communes de notre région, et cela, pour quelques-uns, depuis plus de deux ans. Les Fourmis s'y plaisent, s'y reproduisent et y prospèrent. Outre la possibilité de prendre les échantillons dont on a besoin, il est facile, avec ces appareils, d'éviter également la sécheresse, qui est mortelle pour les élevages, et l'excès d'humidité dont la conséquence est l'envahissement des abris et des animaux eux-mêmes par les moisissures. Il est également facile de faire emménager les Fourmis dans un de ces appareils ou de les faire passer d'elles-mêmes d'un appareil dans un autre.

Ces abris, surtout lorsqu'ils présentent un nombre de chambres suffisant, peuvent être surveillés et entretenus, même par des personnes inexpérimentées, ce qui est très important lorsqu'on ne peut s'en occuper soi-même d'une façon tout à fait continue.

En cas de déplacement, ils peuvent sans inconvénient être emballés dans des caisses et transportés d'une ville à une autre. Il faut, dans ce cas, enlever les petits récipients qui servent de mangeoires et d'abreuvoirs. On peut étaler un peu de miel sur le sol de la chambre éclairée, mais, dans un abri convenablement humide, les Fourmis peuvent parfaitement rester plusieurs jours sans boire ni manger. On maintient les plaques de verre et les plaques opaques au moyen d'un bon nombre de tours de ficelle bien serrés.

Convenablement modifiés, ils se prêtent à l'élevage de beaucoup d'autres petits animaux ayant besoin d'obscurité et d'humidité.

Disposition adoptée pour les « arènes de gypse de Forel ». — Le dispositif que Forel a imaginé et appelé « arènes de gypse » nous est très utile pour le maniement des Fourmis. Nous lui avons donné une forme qui le rend à la fois très portatif et surtout très solide, si bien que l'installation que nous avons faite il y a deux ans, a pu servir depuis cette époque pour des centaines de fourmilières sans que nous ayons eu besoin de réparer une seule fois le talus de plâtre, qui ne s'est jamais éboulé.

Ces « arènes de gypse » consistent en une caisse rectangulaire en bois, dont les quatre côtés ont la disposition représentée par la figure 3.

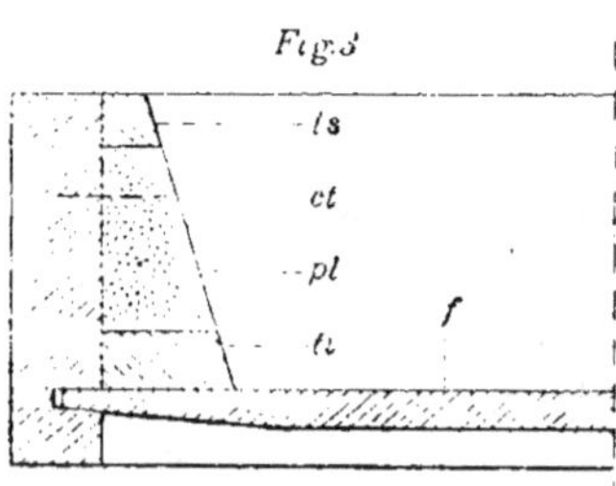

Le fond *f* de la caisse est monté à dilatation libre dans le cadre formé par les quatre côtés *ct*. Cela est indispensable pour éviter les gauchissements qui se produiraient lorsqu'on maintient ce fond pendant plusieurs jours recouvert de terre humide. Du plâtre à modeler en poudre bien line *pl* est légèrement comprimé, au moyen d'un petit tampon de ouate recouverte de linge, entre les deux tasseaux *ts* et *ti* qui font le tour de la caisse. Le tasseau supérieur *ts* sert à maintenir et à protéger le plâtre lorsque l'on vient à s'appuyer sur les côtés de la caisse. Le tasseau inférieur *ti*, fixé au côté *ct*, et non au fond *f* pour ne pas gêner la dilatation de ce dernier, sert non seulement à supporter le plâtre, mais aussi à empêcher les Fourmis de venir trop fréquemment se blanchir à son contact. De plus, les Fourmis, telles que les *Tetramorium cæspitum*, ont, grâce à la présence de ce tasseau *ti*, beaucoup moins de tendance à creuser les galeries dans le plâtre. Un trou de nettoyage, fermé en temps ordinaire par un bouchon de liège, est percé dans le fond *f* et sert à enlever, au moyen d'un pinceau, la terre et tous les matériaux que l'on a mis dans la caisse et dont on veut se débarrasser.

3. Maniement des Fourmis pour les élevages.

RÉCOLTE ET TRANSPORT DES FOURMIS. — Pour prendre tout ou partie d'un nid de Fourmis avec ses habitants, y compris les nymphes, les larves et les œufs, l'instrument le plus commode est la truelle demi-cylindrique, que les jardiniers appellent un transplantoir. Le contenu de la truelle est versé doucement dans des bocaux à moitié remplis de petites branches et d'herbes sèches, et fermés par un bouchon en liège. Si l'on a soin de ne pas trop remplir les bocaux, les récoltes peuvent y rester sans inconvénient plusieurs heures et même plusieurs jours, jusqu'à ce que l'on ait le temps de les installer dans les appareils définitifs destinés à leur élevage. Le nombre des individus, qui se trouvent tués ou blessés par ces opérations, est tout à fait insignifiant.

EMMÉNAGEMENT DES FOURMIS DANS LES ABRIS OÙ ELLES DOIVENT ÊTRE ÉLEVÉES. — Pour faire emménager dans un de nos abris les Fourmis que l'on a récoltées dans un nid, on opère de la façon suivante, imitée de celle employée par Forel :

On place dans la caisse, garnie de plâtre en poudre, que nous avons décrite plus haut, l'abri qui est destiné aux Fourmis et que l'on a préalablement bien mouillé en le plongeant tout entier dans l'eau. L'abri est disposé, comme nous l'avons décrit, avec ces deux seules différences qu'il y a, dans un angle, un orifice d'entrée provisoire (fig. 1 et 2) *or*, qui sera bouché après l'emménagement avec un peu de plâtre délayé, et que la chambre à laquelle conduit cet orifice, qui sera plus tard sèche et éclairée, est ici mouillée et momentanément recouverte d'une plaque opaque : les Fourmis trouvent ainsi une chambre humide et obscure dès leur entrée dans l'abri. Ceci fait, on verse dans la caisse et l'on étale, sur tout son fond, le contenu du bocal qui renferme la récolte. Sauf au voisinage de l'orifice d'entrée *o r*, il faut avoir soin de ne pas laisser les matériaux étalés dans la caisse venir au contact de l'abri humide, car cela empêcherait la dessiccation qui doit en chasser les Fourmis. On active beaucoup l'emménagement en plaçant l'angle d'entrée de l'abri au contact du tasseau inférieur *t i*, de manière à créer un petit coin obscur au fond duquel se trouve l'orifice. Les Fourmis ne tardent pas à apporter leur progéniture dans ce petit coin et à commencer la reconnaissance du refuge qui leur est offert. Si l'on a affaire à une espèce suffisamment vive et active, comme *Myrmica lævinodis*, *Formica rufa*, *F. fusca*, il suffit de quelques heures, quelquefois de quelques minutes, pour que les Fourmis trouvent l'entrée du nid et, après l'avoir parcouru en tous sens, elles y transportent leur progéniture et s'y installent. Lorsque la fourmilière est assez nombreuse et contient une progéniture abondante, comme c'est souvent le cas pour *Myrmica lævinodis*, cet emménagement donne lieu à de fortes bousculades à l'entrée de l'abri où l'on voit de nombreuses Fourmis chargées vouloir entrer simultanément, tandis que toutes celles qui ont déposé leur fardeau cherchent à se frayer un passage pour aller faire un voyage. Il arrive généralement, dans ce cas, que les Fourmis, ne pouvant entrer, y renoncent et repartent immédiatement, après avoir déposé leurs charges près de l'orifice où elles les accumulent en grand nombre. Les Fourmis qui se trouvent à l'intérieur n'ont, alors, qu'à venir à l'entrée pour saisir nymphes, larves et œufs, et les tirer à elles en marchant à reculons.

Pour d'autres espèces d'ailleurs plus lentes, telles que *Lasius flavus*, *Tetramorium cæspitum*, l'emménagement n'a généralement pas lieu aussi vite. Ces Fourmis se contentent d'abord de se cacher, avec leur progéniture, sous la terre et sous les racines étalées sur le fond de la caisse, et c'est seulement quand ces matériaux se dessèchent qu'elles se décident à chercher un local humide, condition parfaitement remplie par le nid artificiel qui leur est offert. Le lendemain, on remue deux ou trois fois les détritus abandonnés et déjà un peu desséchés, et bientôt les Fourmis n'ont plus rien à y recueillir. Le surlendemain, au moyen d'un pinceau, on fait tomber tous ces détritus par le trou de nettoyage pratiqué dans le fond de la caisse.

Nourriture a donner aux Fourmis. — Ainsi que nous l'avons indiqué dans la description de l'abri, il y a dans la chambre éclairée et sèche un petit récipient *m* servant de mangeoire, et, dans la chambre la plus humide, un petit récipient *n* servant d'abreuvoir.

Dans la mangeoire, on met surtout du miel, et aussi parfois du sucre et du jaune d'œuf. Il est indispensable de donner également quelques Insectes, tels que des Mouches. Les aliments ainsi placés dans la chambre sèche, sont moins sujets à la moisissure. Il est d'ailleurs tout naturel de les mettre dans la chambre éclairée qui, pour nos Fourmis, représente le monde extérieur au nid.

Les mangeoires (*m.* fig. 1) consistent en une rondelle en os de 3 centimètres de diamètre, portant au centre une petite tige de fil de fer permettant de les saisir facilement, une petite rigole annulaire pour recevoir le miel, et sur tout leur pourtour une surface inclinée d'un accès très facile. Ces mangeoires permettent aux Fourmis de manger commodément sans être exposées à s'engluer dans le miel. Les Fourmis, lorsqu'elles sont affamées ou simplement lorsqu'on installe une nouvelle récolte, viennent se ranger en cercle, bien serrées les unes contre les autres, sur tout le pourtour extérieur de la rigole. Lorsque les nouvelles arrivantes ne trouvent plus de place pour s'intercaler, elles grimpent et forment une deuxième rangée sur le dos des premières arrivées. En temps ordinaire, lorsque les Fourmis sont abondamment nourries, on n'en voit qu'un petit nombre à la fois sur les mangeoires, même dans les élevages comprenant plusieurs milliers d'individus.

Dans le récipient en verre ou en porcelaine rempli d'eau, qui sert d'abreuvoir (*n*, fig. 1), il est important de placer, dépassant la surface de l'eau, des fragments de bois, de cailloux et de verre cassé. Cela empêche les Fourmis d'être entraînées par la forme du ménisque et de se noyer au milieu de l'abreuvoir. Primitivement, nous placions cet abreuvoir à côté de la mangeoire, mais l'eau s'y évaporait trop rapidement et la chambre, que nous voulions avoir sèche, devenait un peu humide. Le transport de l'abreuvoir dans la *Ch. 3* a supprimé ces inconvients.

Procédés pour saisir les Fourmis individuellement. — Pour saisir les Fourmis individuellement sans les blesser, on opère différemment, suivant leur taille. Pour les très petites espèces (*Solenopsis fugax, Tetramorium cæspitum*), on emploie un pinceau fin et doux. Pour les espèces de taille moyenne (*Myrmica lævinodis*), l'emploi de petites pinces.

au moyen desquelles, comme l'indique Forel, on saisit les Fourmis par
une patte, est très commode. En employant des pinces à branches très
fines et très longues, pour être très souples et à mors bien plats sans
stries, on ne fait aucun mal aux Fourmis. Dans un élevage ayant pour
but d'obtenir des pontes d'âge déterminé et comprenant vingt-cinq femelles de *Myrmica lævinodis*, nous avons pris par ce procédé chaque
individu, chaque jour, pendant vingt-cinq jours consécutifs, sans en
blesser un seul. Pour les grosses espèces *(Formica rufa)*, on peut, soit
employer les pinces, soit tout simplement les saisir avec les doigts.

Les œufs et les jeunes larves peuvent être pris aisément au moyen
d'un pinceau fin et pointu. Les œufs y adhèrent par la substance vis-
queuse qui les recouvre, et les très jeunes larves par les poils crochus à
ressort, que nous avons décrits précédemment (1). Le pinceau peut, au
besoin, être légèrement enduit d'eau miellée.

Pour prendre en nombre les larves et les nymphes, le moyen le plus
commode consiste à les faire glisser au moyen d'un pinceau à poils longs
et souples dans une petite pelle plate à rebords ayant un manche per-
pendiculaire à sa surface.

Explication des figures 1 et 2.

**Abri à 3 chambres, en substance poreuse, disposé pour
l'élevage des Fourmis.**

Fig. 1. Coupe longitudinale verticale.

Fig. 2. Vue en plan. Dans cette figure, les plaques opaques *op* de la
figure 1 sont supposées enlevées et l'abri simplement recouvert de ses plaques de verre.

    (Les lettres ont la même signification dans les deux figures.)

a. Abri poreux, à trois chambres, en terre cuite ou en plâtre.

b. Cuve à eau, que l'on remplit une ou deux fois par semaine.
L'eau, s'imbibant dans la substance poreuse qui constitue
l'abri, y produit une humidité graduée qui va en diminuant
vers le côté opposé à la cuve à eau.

(1) Charles Janet, Bull. Soc. ent. Fr.

Ch. 1. Chambre d'habitation obscure et très humide.

Ch. 2. Chambre d'habitation obscure et légèrement humide.

Ch. 3. Chambre éclairée et sèche, représentant, pour les Fourmis, le monde extérieur au nid.

> *g.* Galerie de communication permettant le passage d'une chambre à l'autre.

> *v 1.* Plaques de verre carrées, formant le plafond des chambres. Chacune de ces plaques est percée en son centre d'une ouverture circulaire *c* qui permet de prendre des échantillons et qui doit être assez grande pour que l'on puisse y faire passer les récipients qui servent de mangeoire et d'abreuvoir et tout ce qui est utile aux expériences.

> *v 2.* Plaques de verre carrées semblables aux précédentes, mais sans ouvertures. Elles servent à empêcher les Fourmis de sortir pendant qu'on les observe.

> *o p.* Plaque opaque (par exemple, en plâtre) servant à maintenir l'obscurité dans les deux chambres humides, ***Ch. 1*** et ***Ch. 2***, qui servent d'habitation aux Fourmis.

> *m.* Petit récipient placé dans la chambre éclairée et sèche et servant de mangeoire. On peut y mettre du miel, du sucre, du jaune d'œuf, des Insectes, etc. Certaines espèces de Fourmis ont l'habitude d'apporter dans ce petit récipient tous les détritus dont elles veulent se débarrasser, et qui se trouvent ainsi enlevés chaque fois que l'on change la mangeoire. Il en résulte que l'abri reste parfaitement propre, même au bout de plusieurs années.

> *n.* Petit récipient en verre ou en porcelaine placé dans la chambre la plus humide et servant d'abreuvoir. Ce petit récipient est rempli d'eau, hors de laquelle émergent quelques fragments de verre cassé pour empêcher les Fourmis de se noyer.

> *o r.* Orifice provisoire permettant aux Fourmis d'entrer dans l'abri lorsqu'elles s'y installent. Lorsque l'emménagement est terminé, on bouche définitivement cet orifice avec du plâtre.

> *s.* Plaque de verre placée sous l'abri pour empêcher l'humidité de communiquer à la table sur laquelle il repose.

Explication de la figure 3.

Coupe transversale d'un côté de la caisse en bois destinée à emprisonner les Fourmis que l'on veut faire emménager dans les abris où l'on veut les élever. (Arène de gyspe de Forel légèrement modifiée.) La caisse présente exactement la même disposition sur ses quatre côtés.

c t. Un des quatre côtés de la caisse.

f. Fond de la caisse établi à dilatation libre pour parer au gonflement résultant de l'humidité des matériaux (terre, pierrailles) que l'on place sur ce fond.

p l. Plâtre en poudre fine, légèrement tassé, formant une pente très raide, infranchissable pour les Fourmis.

t s. Tasseau supérieur servant à protéger le plâtre lorsqu'on s'appuie sur les bords de la caisse.

t i. Tasseau inférieur soutenant le plâtre à une certaine hauteur au-dessus du fond, pour que les Fourmis ne se blanchissent pas trop à son contact et pour empêcher certaines espèces, telles que *Tetramorium cæspitum*, de creuser des galeries.

La **Société entomologique de France**, dont les séances ont lieu les 2e et 4e mercredis de chaque mois, excepté août et septembre, à 8 heures précises du soir, au siège social, publie :

1° Les **Annales** (4 fascicules par an avec planches) ;

2° Le **Bulletin des séances** et le **Bulletin bibliographique** (bi-mensuel).

Pour être **Membre** de la **Société entomologique de France**, la cotisation annuelle est fixée :

Pour recevoir franco les *Annales*, à . . . . **25 fr.**

Les membres étrangers qui désirent recevoir franco le *Bulletin des séances* et le *Bulletin bibliographique*, paient **26 fr.**

Tout membre payant une somme de **300** francs est nommé **Membre à vie.** Il n'a plus de cotisation à solder, reçoit les *Annales* et, *à titre de prime gratuite,* une série de dix volumes parmi ceux à *prix réduit* restant encore en magasin.

1319. — Paris. Typographie Édouard DURUY, rue Dussoubs, 22